COUP-D'ŒIL RÉTROSPECTIF

SUR

Quelques faits historiques

DE

L'HORTICULTURE VERSAILLAISE

PAR. J.-A. LE ROI,

CONSERVATEUR DE LA BIBLIOTHÈQUE DE LA VILLE DE VERSAILLES

(Extrait du *Journal* de la Société d'Horticulture de Seine-et-Oise).

I.

Si l'horticulture moderne n'a pas pris naissance à Versailles, c'est du moins ici qu'elle a reçu les plus grands encouragements, grâce à l'amour de nos rois, et particulièrement de Louis XIV et de Louis XV, pour cet art, tout à la fois si agréable et si utile. Aussi je crois qu'il n'est pas sans intérêt de jeter un coup-d'œil en arrière afin d'y recueillir les faits les plus curieux et les plus intéressants de l'histoire horticole de notre ville.

A tout seigneur tout honneur. Commençons donc cette revue rétrospective par l'arbre qui a reçu ici les plus grands honneurs, par l'arbre chéri du grand roi, par l'Oranger.

L'homme est de sa nature un être changeant; ce qu'il aime aujourd'hui, il l'abandonne demain. Il passe rapidement d'un amour à un autre, et il se passionne aussi vite pour les choses les plus graves ou les plus futiles, qu'il les délaisse facilement. En un mot tout est pour lui une question de mode.

Déjà, sous Louis XIII, la mode était aux Orangers. Aussi, lorsqu'en 1624, il eût acheté la terre de Versailles, et qu'il y eût bâti son petit château, enfant qui ne grandit et ne devint adulte que dans les mains de Louis XIV, sa premiere pensée fut d'y établir une Orangerie proportionnée à la grandeur de son palais, et qui, comme lui, ne prit son entier développement que sous le règne de son successeur. Mais ce qui ne paraissait qu'un goût raisonnable chez Louis XIII, devint une véritable passion chez son fils. Il fallait qu'il vit des orangers partout, dans ses jardins, dans ses appartements, dans ses fêtes, dans tous les lieux où il portait ses pas. Bientôt des orangeries s'élevèrent dans tous ses palais, à Paris, à Fontainebleau, à Saint-Germain etc., et enfin cette grande et magnifique Orangerie de Versailles, qui, vue des hauteurs de Satory, donne au voyageur surpris et enchanté l'idée des jardins suspendus de Sémiramis. Mais avant d'entrer dans plus de détails sur l'Orangerie et ses beaux habitants, disons quelques mots de l'Oranger lui-même.

On sait que l'Oranger est originaire de l'Asie. De la Médie, où il croît spontanément, il a dû se répandre dans d'autres contrées, la Perse, l'Inde, la Chine. Les Romains connurent le fruit du Citronnier, et Pline, qui en parle, dit qu'on l'employait à Rome comme médicament. De son temps, quelques essais infructueux furent tentés pour y transplanter quelques pieds, mais ce ne fut que vers le IVe siècle de notre ère qu'il pût être acclimaté à Naples et en Sicile.

L'Oranger ne parut que plus tard dans le reste de l'Europe. C'est vers le XIIIe siècle qu'on le cultiva sur toute la péninsule italienne. Cet arbre si agréable par son aspect, sa forme, la suave odeur de ses fleurs et le goût délicieux de ses fruits, devint bientôt l'arbre à la mode, et puisque du midi de l'Italie il avait pu s'acclimater jusqu'au nord de cette contrée, on pensa qu'il pourrait encore s'élever davantage. En 1333, *Humbert,* Dauphin du Viennois, qui revenait d'un voyage de Naples, et qui avait été séduit par la beauté des Orangers, en fit acheter un certain nombre dans le nord de l'Italie, qu'il fit transporter et planter en Dauphiné. C'est ce qui résulte d'un compte de sa maison, rapporté par Valbonais *(Pro arboribus viginti de plantis Orangiorum ad plantandum).* D'autres essais furent tentés en Provence et dans des régions plus élevées de la France, mais aucun ne réussit. Forcés de renoncer à la culture en pleine terre de l'Oranger, les amateurs de ce bel arbre ne renoncèrent pourtant pas à en jouir, et l'on essaya de le faire venir et de le conserver en caisse dans le nord de la France. On en fit des semis que l'on élevait dans des vases et que l'on renfermait pendant l'hiver, soit dans les intérieurs, soit dans les caves. En 1421, Léonore de Castille fit ainsi venir à Pampelune un Oranger dont la vie devait se prolonger jusqu'à nous. Déjà âgé de deux cents années, il faisait l'ornement des jardins de Charles duc et connétable de Bourbon, lorsqu'après la trahison de ce prince il fut pris à la saisie de ses biens, en 1623, et placé par ordre de François Ier au palais de Fontainebleau, d'où Louis XIV le fit venir à Versailles après la construction de l'Orangerie. Pendant longtemps l'Oranger du connétable de Bourbon fut regardé dans le nord de la France comme une curiosité. Pour le conserver l'hiver, on était obligé de lui faire une espèce de serre mobile. Plus tard des amateurs de ce bel arbre, imitèrent ce que l'on faisait pour le Bourbon, et la culture de l'Oranger en pots commença à se répandre.

Ce qui cependant en retarda la propagation dans nos climats, ce fut la nécessité d'un abri pour l'hiver. Mais la mode, cette souveraine tyrannique, fit vaincre tous les obstacles. L'Oranger commença à se montrer partout. Les gens peu riches lui donnaient asile pendant l'hiver dans des celliers, dans des caveaux, et les grands personnages le mettaient à l'abri sous des serres. Henri IV fit construire une Orangerie dans son jardin des Tuileries, et j'ai déjà dit que son fils Louis XIII en avait aussi fait élever une à Versailles.

Louis XIV hérita de l'amour de son père pour Versailles. Ce petit château retiré, ces jardins calmes et tranquilles l'attirèrent à l'époque de ses premières amours. Mais bientôt ce fut une véritable passion qu'il éprouva pour ce lieu. Il ne se passait presque pas de jour qu'il n'y vint. Les fêtes, les embellissements, les agrandissements s'y succédaient. Ce n'étaient plus des jours, mais des semaines, des mois qu'il y séjournait entouré de toute sa cour. Dès avant 1670, les jardins avaient été augmentés de plus du double. Des pièces d'eau nombreuses furent creusées, et de cette époque commencèrent les grands travaux hydrauliques qui firent de Versailles, ville si complètement privée de sources naturelles, l'une des plus extraordinaires pour la beauté, la richesse et l'abondance des effets d'eau de son parc.

A cette époque, 1670, poussé par Madame de Montespan, alors sa maîtresse, qui aimait extrêmement les fleurs, le roi acheta le village et la terre de Trianon. Il y fit construire une petite habitation qu'à cause de ses ornements de couleur, en terre vernissée, on appelait le Petit-Palais de Porcelaine. Le jardin qui accompagnait cette petite et coquette habitation fut confié aux soins d'un habile jardinier, et il ne tarda pas à être couvert des fleurs les plus diverses et les plus odorantes, à tel point qu'on le surnomma le Jardin des Parfums. Ce jardinier se nommait *Lebouteux* (1).

Dans l'établissement d'un pareil jardin, Louis XIV et sa maîtresse ne pouvaient oublier l'Oranger. L'Oranger, l'arbre chéri du roi, pour lequel il ne trouvait rien d'assez brillant, jusqu'à le faire séjourner dans les plus beaux de ses appartements, au milieu de ses courtisans, et pour qu'il ne pût être effacé ni par le luxe des ornements, ni par celui des habits, le renfermant dans des caisses d'argent massif, ciselées par les premiers artistes du temps.

Mais Madame de Montespan et le roi voulaient avoir des fleurs en toutes saisons, et ce n'était plus assez d'avoir des Orangers en caisse, on les voulait en terre ; on voulait enfin pouvoir se promener au milieu d'un véritable jardin d'Orangers.

Déjà, bien des années avant, l'Électeur Palatin avait fait construire en bois, dans ses jardins d'Heidelberg, une sorte de galerie sous laquelle fut enfermée l'allée entière de ses Orangers. Sa galerie était

(1) Je ferai connaître, tant que je le pourrai, les noms de ces premiers jardiniers de Versailles, aujourd'hui tout-à-fait ignorés.

garnie de châssis vitrés par où le soleil pouvait pénétrer, et, en outre on l'échauffait par des poëles à la façon d'Allemagne. Au printemps, quand la saison des beaux jours était arrivée, on enlevait cette charpente postiche; en automne on la replaçait, et l'on jouissait ainsi sans interruption, pendant toute l'année, d'une promenade délicieuse ornée de fleurs.

Voilà ce que Louis XIV demandait à Lebouteux, et ce que son habile jardinier exécuta. Des Orangers furent plantés en pleine terre, ainsi que le dit La Quintinye dans son Traité de la culture des Orangers; des Jasmins de plusieurs espèces, un grand nombre de fleurs odorantes les accompagnèrent, et on construisit, pour les abriter, une sorte de serre en menuiserie et à vitrages, formant un véritable jardin d'hiver, que l'on enlevait à la belle saison.

J'ai relevé minutieusement, sur les registres des dépenses des bâtiments du Roi, les diverses sommes données aux entrepreneurs pour exécuter ce travail, et j'ai trouvé qu'il avait coûté 85,370 liv. 2 sols 2 deniers, ou plus de 150,000 francs de notre monnaie actuelle.

Lebouteux fit venir d'Orléans la plupart des Orangers qu'il planta ainsi. Il paraît que les horticulteurs de cette ville s'occupaient beaucoup de cette culture, car, dans les mêmes registres dont je viens de parler, je trouve qu'un grand nombre des arbres de l'Orangerie de Versailles y furent aussi achetés. On raconte même qu'un des jardiniers d'Orléans, voyant le goût de Louis XIV pour les Orangers, et voulant le remercier des encouragements qu'ils recevaient ainsi de lui, eût l'idée originale de lui offrir, comme bouquet, un oranger sur lequel il avait greffé quarante sortes de fruits différents. Je ne sais si le roi a été bien flatté du cadeau, mais je doute fort qu'il ait été content du goût de pareils fruits.

Lebouteux, outre ses voyages payés et les gratifications qu'il recevait du roi, probablement quand Madame de Montespan, pour laquelle on avait créé ce jardin. était satisfaite, Lebouteux recevait pour ses appointements et l'entretien du jardin, 17,500 livres. — Il est vrai qu'il fallait qu'il fut très exactement à son poste, car le roi venait fréquemment visiter Trianon, surtout pendant l'hiver, et il voulait y trouver toujours des fleurs, qu'il s'empressait d'offrir soit à Madame de Montespan, soit aux dames qui l'y accomgnaient quelquefois. Je trouve, en effet, dans l'un des ordres de Colbert, alors surintendant des bâtiments du roi, adressé en 1674, à Lefébure, inspecteur des bâtiments, au milieu d'un grand nombre de recommandations, ceci : « Visiter souvent Trianon ; voir que Leboutenx ait des fleurs pour le roi pendant l'*hiver* ; qu'il ait le nombre de garçons auquel il est obligé ; et le presser d'achever tous les ouvrages de l'hiver. — Il faut me rendre compte toutes les semaines des fleurs qu'il aura. » On voit que Colbert avait l'œil à tout.

Ce jardin d'hiver dura jusque vers 1682. Louis XIV ayant résolu de construire le palais que nous voyons encore aujourd'hui, le petit pavillon de porcelaine fut détruit, ainsi que le jardin fleuriste qui avait coûté tant de peine à Lebouteux, et qui fut remplacé, à l'imitation de celui de Versailles, par un jardin à la *française*, tracé par Lenôtre.

Le petit château de porcelaine de Trianon n'était qu'un pied-à-terre, et Louis XIV pouvait bien y passer quelques heures avec Madame de Montespan, mais la maîtresse du roi désirait avoir un château à elle, et Louis XIV lui fit bâtir Clagny. — On pense bien que l'arbre aimé du roi n'y fut pas oublié. Mais cette serre de Trianon, qu'on était obligé de monter et de démonter chaque année était, d'un grand embarras, et l'on finit par s'en dégoûter. On se contenta donc, à Clagny, comme à Versailles, d'encaisser les Orangers, de les placer l'hiver dans une Orangerie et de ne les sortir dans les jardins que l'été. Dans une lettre de Madame de Sévigné, de 1675, elle raconte comment Lenôtre, chargé de dessiner ce jardin, y plaçait avec art les Orangers : « Nous fûmes à Clagny, dit-elle dans sa lettre, c'est le palais d'Armide. Le bâtiment s'élève à vue d'œil, les jardins sont faits. Vous connaissez la manière de Lenôtre. Il a laissé un petit bois sombre qui fait fort bien. Il y a un bois entier d'Orangers dans de grandes caisses ; on s'y promène ; ce sont des allées où l'on est à l'ombre ; et pour cacher les caisses, il y a des deux côtés des palissades à hauteurs, toutes fleuries de tubéreuses, de roses, de jasmins, d'œillets. C'est assurément la plus belle, la plus surprenante et la plus enchantée nouveauté qui se puisse imaginer. »

Le soin de ce joli jardin fut donné à *Olivier Fleurant*, qui reçut pour ses appointements et l'entretien 10,200 livres.

Pendant tout ce temps Louis XIV s'était tellement attaché à Versailles qu'il résolut d'en faire son séjour habituel et qu'il vint s'y établir définitivement en 1682.

La galerie des glaces, les grands appartements du roi et de la reine s'étaient élevés sur les dessins et sous la direction de Levau et de Mansart. L'or, le bronze, les peintures, brillaient dans toutes les parties de ce magnifique palais ; mais on y admirait surtout ces ornements en argent massif, admirablement sculptés, guéridons, toilettes, cadres de tableaux, torchères, lustres, candélabres et caisses d'Orangers, car l'arbre chéri n'avait pas été oublié au milieu de toutes ces richesses. Chaque entre-deux de fenêtres de la grande galerie était orné de quatre Orangers garnis de leurs caisses d'argent, avec une base du même métal. On peut juger de l'effet que devaient produire ces riches ornements, surtout lorsque l'on pense qu'ils étaient couverts de ciselures et de sculptures faites par les premiers artistes de cette époque. Il y en avait encore dans la salle de billard et dans celle des concerts et jusque dans quelques-uns des appartements particuliers du monarque. J'ai relevé les sommes données aux orfèvres chargés de la confection de ces ornements d'argent, et j'ai trouvé qu'elles s'élevaient à la somme de 1,873,621 livres, c'est-à-dire à plus de 3,000,000 de francs de notre monnaie, dont les caisses d'Orangers occupaient près du tiers.

Jusque là les Orangers, qui étaient si magnifiquement hébergés dans les appartements du grand-roi, n'avaient pour habitation ordinaire que la petite Orangerie de Louis XIII. C'est de cette Orangerie de Louis XIII, qui n'était plus en rapport avec les immenses constructions du Palais, ni avec le désir de Louis XIV d'en faire un véritable jardin des Hespérides, que La Fontaine, dans Psyché, décrivant les beautés de Versailles, s'écrie en l'apercevant :

Orangers, arbres que j'adore,
Que vos parfums me semblent doux !
Est-il dans l'empire de Flore
Rien d'agréable comme vous ?
Vos fleurs ont embaumé tout l'air que je respire ;
Toujours un aimable zéphire

Autour de vous se va jouant.
Vous êtes nains, (1) mais tel arbre géant,
Qui déclare au soleil la guerre,
Ne vous vaut pas,
Bien qu'il couvre un arpent de terre
Avec ses bras.

Une fois établi à Versailles, Louis XIV voulut que son arbre de prédilection, si royalement traité dans son intérieur, eût un lieu d'habitation en rapport avec l'amour qu'il lui portait, et il lui fit élever un palais. C'est en effet un véritable palais que cette magnifique et grandiose construction de l'Orangerie de Versailles, due aux génies réunis de Mansart et de Lenôtre. Nous, habitants de Versailles, habitués à voir tous les jours les merveilles de notre ville, nous passons indifférents devant elles. Mais qu'un étranger déjà tombé de surprise en surprise, arrive tout-à-coup dans le parterre du midi, qu'il voie peu à peu se dérouler à ses pieds ces grandes allées d'Orangers, ces bassins, ces gazons, ces arcades, ces colonnes, et pour terminer le tableau cette immense pièce d'eau et les bois qui l'enserrent comme dans un cadre de verdure, il restera en admiration devant ce grand et beau spectacle. Puis menez-le ensuite à l'extrémité de la pièce d'eau des Suisses; qu'il voie de là cette forêt d'Orangers, qu'il admire la magnifique simplicité des grands bâtiments qui les entourent, les immenses escaliers placés de chaque côté, la terrasse leur servant de toit, couverte d'arbres, de fleurs, de statues, de jets d'eau, et enfin comme dernier point de vue, le château magiquement suspendu au-dessus, et alors l'étranger stupéfait ne pourra s'empêcher de rendre un hommage mérité au génie des architectes qui ont pu concevoir et exécuter un pareil plan.

L'Orangerie de Versailles est admirablement située. Placée à l'exposition du midi, la hauteur du bâtiment central et la disposition des deux ailes, qui vont en s'abaissant, mettent les Orangers, quand ils sont dehors, à l'abri des vents du nord, du nord-ouest et du

(1) Il n'y avait pas alors les grands Orangers qui vinrent orner plus tard l'Orangerie construite par Mansart.

nord-est, et leur permettent de recevoir les rayons bienfaisants du soleil du midi, du levant et du couchant.

Je ne veux pas faire ici la description des bâtiments que tout le monde connait, et qui se trouve dans tous les cicerone. Je rappelerai seulement que la galerie centrale a 156 mètres de longueur, sur un peu plus de 12 mètres de largeur et de hauteur, et que les galeries latérales ont chacune 117 mètres de longueur. C'est dans cet immense espace, mis à l'abri du froid par d'énormes murs, des croisées et des portes à double châssis, que pendant l'hiver sont renfermés les Orangers, où ils formen tde belles allées, bien dignes d'être visitées à cette époque.

Les travaux de construction de la grande Orangerie commencèrent en 1684 et se prolongèrent jusqu'en 1687. Les dépenses relevées sur les registres des bâtiments du Roi donnent un total de 1,551,465 livres, ou à peu près 3,000,000 fr. de notre monnaie actuelle.

L'Orangerie construite il fallait la peupler d'habitants, car le nombre de ceux de l'Orangerie de Louis XIII n'était plus assez considérable pour emplir la nouvelle. On fit alors venir tous ceux qui se trouvaient dans les autres châteaux royaux, et entre autres ceux de Fontainebleau, parmi lesquels était le Grand-Bourbon, dont j'ai déjà parlé. Louis XIV voulait jouir de suite de l'effet produit par la belle habitation qu'il venait de donner à ses arbres favoris, et il ne voulut pas attendre que l'accroissement de l'Orangerie se fit par le temps. Il envoya de tous côtés acheter ce que l'on pouvait trouver d'Orangers.

J'ai déjà dit qu'un grand nombre venait d'Orléans, mais actuellement il en fallait chercher ailleurs, car les horticulteurs de cette ville avaient donné tout ce qu'ils possédaient. On en fit alors chercher dans toutes les parties de la France et même au delà des mers. Ainsi, je trouve dans les comptes : — Pour Orangers que S. M. a fait acheter en divers endroits, 38,175 livres. — Pour 70 Orangers venant de Berny, 5,400 livres. — Pour 28 grands Orangers venant du jardin de Durand, à Chaillot, 10,000 livres. — A la veuve Fromont, pour le paiement du frêt d'un navire envoyé à Saint-Domingue pour y charger des Orangers, 14,960 livres. — A la duchesse de La Ferté, pour 20 Orangers, 2,200 livres. — A la duchesse de

Verneuil, pour 52 Orangers amenés à Versailles, 10,083 livres. — A M. de Fieubet, pour 33 Orangers pris dans sa maison de Beauregard, 5,041 livres, etc.

Il fallait un jardinier habile pour la conduite de cette Orangerie. Depuis l'année 1664, *Laurent Trumel* avait été chargé du soin des Orangers de la Petite-Orangerie, avec 3,000 livres de gages, mais on venait de lui donner la direction du nouveau jardin de Trianon, et on avait porté ses appointements à 9,000 livres. Le Roi chargea donc *La Quintinye* de la direction générale de l'Orangerie. On plaça sous lui un jardinier particulier, qui eût en outre l'entretien du petit parc et des allées du pourtour du canal. On confia cet emploi à *Henri Dupuis*, avec 18,000 livres d'appointements.

Le goût de Louis XIV pour les Orangers, la magnificence de l'Orangerie de Versailles, mirent plus à la mode que jamais, ce bel arbre. On ne voyait partout qu'Orangers. Les grands seigneurs, les riches particuliers, voulurent avoir dans leurs jardins cette décoration de ceux de Versailles. Partout on élevait des Orangeries. « Parmi le nombre infini de bals, de fêtes, de collations magnifiques donnés par les grands seigneurs pendant les trente dernières années du règne de Louis XIV, et dont les écrits du temps ont laissé la description, il n'en est pas une seule où l'on ne trouve employé l'ornement dont il s'agit ici (1). »

Aujourd'hui l'engouement que l'on avait alors pour cet arbre s'est un peu affaibli. A la mode de l'Oranger a succédé d'autres modes. Mais cet arbre n'en tient pas moins encore une place importante dans l'ornement des grands parterres, et tant que l'Orangerie de Versailles n'aura pas disparu, comme disparaissent, hélas! toutes les choses de la terre, l'Oranger se distinguera toujours de nos autres arbres d'ornements, outre la suavité de son parfum, par son *port noble, grand, majestueux* (2), quoiqu'un peu froid, rappelant celui du grand Roi, comme tout ce qui a reçu son cachet.

(1) *Histoire des Français*, par Legrand-d'Aussy.

(2) Saint-Simon, *Portrait de Louis XIV*.

II.

Après les Orangers on trouve peu de renseignements sur les fleurs qui ornaient les jardins de Louis XIV. On voit seulement que ce prince aimait surtout les fleurs odorantes. Ainsi dans le *Trianon de Porcelaine*, dans ce *jardin des parfums*, on ne rencontre que Jasmins de toutes sortes, Tubéreuses, OEillets, Roses, Lys, Jacinthes, et si ce n'est quelques oignons de Tulipe dont la mode commençait à se répandre, on ne trouve citée dans les documents de cette époque, ni à Versailles ni à Clagny, aucune autre plante. On pense bien qu'il devait y en avoir, et même d'assez nombreuses, car les habiles jardiniers chargés de la direction de ces jardins devaient, comme aujourd'hui, chercher à les rendre aussi attrayants à l'œil qu'à l'odorat ; mais le roi et sa maîtresse aimant à s'enivrer du parfum des fleurs, ont dû surtout rechercher celles qui pouvaient le mieux satisfaire le goût du monarque et les signaler plus particulièrement.

Abandonnons donc les fleurs et occupons-nous des fruits et des légumes.

Louis XIII aimait beaucoup les fruits, et l'un de ses premiers soins, en arrivant à Versailles, fut d'y créer un jardin potager. Ce jardin, dont j'ai déjà parlé ailleurs (1), occupait une étendue de terrain assez considérable auprès de l'ancien village de Versailles, là où se trouve aujourd'hui la caserne dite de la Guerre et la Bibliothèque de la ville. Il produisait déjà d'excellents fruits dont Louis XIII était très friand. Non-seulement il voulait qu'on lui en servît sur sa table le plus longtemps possible, mais encore il faisait faire avec eux ses meilleures conserves. Jusque dans ses derniers jours il préféra à tous autres ses fruits de Versailles, et la *Gazette de France* de 1643 rapporte que le 25 avril de cette année, qui fut celle de sa mort, quelqu'amélioration s'étant manifestée dans la grave maladie qui l'entraînait rapidement au tombeau, « il fit faire dans sa chambre une collation de *ses confitures de Versailles*, à la reine, à la princesse

(1) V. *Mémoires de la Société d'Horticulture de Seine-et-Oise*. 1847, et *Histoire des Rues de Versailles*.

de Condé, aux duchesses de Lorraine, de Longueville, de Vendôme, et autres dames. »

Louis XIV hérita des goûts de son père pour les fruits, et le potager de Versailles joua un rôle fort important non-seulement dans les jouissances de sa table ordinaire, mais encore dans l'ornementation de ses fêtes.

Aujourd'hui, comme alors, les fleurs sont le plus bel ornement de nos fêtes; aujourd'hui surtout que la floriculture est poussée à un degré inconnu à cette époque. Pas une réunion, pas une des grandes fêtes données par les souverains, les villes, les riches particuliers, ne peuvent se passer de ces suaves et charmantes décorations qui, répandues à profusion jusque sur le sein des femmes, contribuent si puissamment à leurs charmes. Mais ce que l'on ne voit plus, c'est le rôle important que l'on faisait jouer alors aux fruits dans la décoration de ces fêtes.

Les ordonnateurs des fêtes de Louis XIV, qui connaissaient son goût pour ce genre d'ornementation, savaient s'en servir avec beaucoup d'adresse; c'est ce que l'on voit à chaque pas dans la description de Félibien des trois fêtes données par le roi à Versailles, en 1664, en 1668 et en 1674. On en aura une idée par un passage de l'historiographe du roi sur la fête si galante de 1668.

Louis XIV venait de faire la paix. Il voulut, en réjouissance de cet heureux événement, donner une fête à toute sa cour dans les jardins de Versailles. Parti de Saint-Germain qu'il habitait, il vint dîner à Versailles. Après le dîner, accompagné de la reine, et suivi de tous les invités, il examina d'abord la pièce du Dragon que l'on venait d'achever : « Après quoi, ajoute Félibien, Leurs Majestés allèrent ensuite chercher le frais dans ces bosquets si délicieux, où l'épaisseur des arbres empêche que le soleil ne se fasse sentir. Lorsqu'elles furent dans celui dont un grand nombre d'agréables allées forme une espèce de labyrinthe, elles arrivèrent, après plusieurs détours, dans un cabinet de verdure où aboutissent cinq allées. Au milieu de ce cabinet il y a une fontaine dont le bassin est bordé de gazon (1). De ce bassin sortaient cinq tables en manière de buffets,

(1) C'est aujourd'hui le bassin de Cérès ou de l'Été.

chargées de toutes les choses qui peuvent composer une collation magnifique.

« L'une de ces tables représentait une montagne, où dans plusieurs espèces de cavernes on voyait diverses sortes de viandes froides ; l'autre était comme la face d'un palais bâti de massepains et de pâtes sucrées. Il y en avait une chargée de pyramides de confitures sèches ; une autre d'une infinité de vases remplis de toutes sortes de liqueurs ; et la dernière était composée de caramels. Toutes ces tables, dont les plans étaient ingénieusement formés en divers compartiments, étaient couvertes d'une infinité de choses délicates, et disposées d'une manière toute nouvelle ; leurs pieds et leurs dossiers étaient environnés de feuillages mêlés de festons de fleurs, dont une était soutenue par des Bacchantes. Il y avait entre ces tables une petite pelouse de mousse verte qui s'avançait dans le bassin, et sur laquelle on voyait, dans un grand vase, un Oranger dont les fruits étaient confits. Chacun de ces Orangers avait à côté de lui deux autres arbres de différentes espèces, dont les fruits étaient pareillement confits.

« Du milieu de ces tables s'élevait un jet d'eau de plus de trente pieds de haut, dont la chute faisait un bruit très agréable ; de sorte qu'en voyant tous ces buffets d'une même hauteur, joints les uns aux autres par les branches d'arbres et les fleurs dont ils étaient revêtus, il semblait que ce fût une petite montagne, du haut de laquelle sortit une fontaine.

« La palissade qui fait l'enceinte de ce cabinet était disposée d'une manière toute particulière ; le jardinier, ayant employé son industrie à bien ployer les branches des arbres et à les lier ensemble en diverses façons, en avait formé une espèce d'architecture. Dans le milieu du couronnement on voyait un socle de verdure sur lequel il y avait un dé qui portait un vase rempli de fleurs. Aux côtés du dé et sur le socle étaient deux autres vases de fleurs ; et en cet endroit le haut de la palissade venant doucement à s'arrondir en forme de galbe, se terminait aux deux extrémités par deux autres vases remplis de fleurs.

« Au lieu de siéges de gazon, il y avait tout autour du cabinet des couches de melon, dont la quantité, la grosseur et la bonté étaient surprenantes pour la saison (18 juillet). Ces couches étaient faites d'une manière toute extraordinaire ; et, à bien considérer la beauté de ce lieu, l'on aurait pu dire autrefois que les hommes n'auraient point eu de part à ce bel arrangement, mais que quelques divinités de ces bois auraient employé leurs soins pour l'embellir de la sorte.

« Comme il y a cinq allées qui se terminent toutes dans ce cabinet, et qui forment une étoile, l'on trouvait ces allées ornées de chaque côté de vingt-six arcades de cyprès. Sous chaque arcade, et sur des siéges de gazon, il y avait de grands vases remplis de divers arbres chargés de fruits. Dans la première de ces allées il n'y avait que des Orangers de Portugal. La seconde était toute de Bigarotiers et de Cerisiers mêlés ensemble. La troisième était bordée d'Abricotiers et de Pêchers. La quatrième de Groseillers de Hollande, et dans la cinquième l'on ne voyait que des Poiriers de différentes espèces. Tous ces fruits faisaient un agréable objet à la vue, à cause de leurs fruits qui paraissaient encore davantage contre l'épaisseur du bois. »

Félibien continue sa description sur ce ton, puis il ajoute : « Après que Leurs Majestés eurent été quelques temps dans cet endroit si charmant, et que les dames eurent fait collation, le roi abandonna les tables au pillage des gens qui suivaient ; et la destruction d'un arrangement si beau servit encore d'un divertissement agréable à toute la cour, par l'empressement et la confusion de ceux qui démolissaient ces châteaux de massepains et ces montagnes de confitures. »

Après cette sorte de spectacle gratis improvisé, le roi se rendit au théâtre élevé aussi dans le parc, à la place occupée aujourd'hui par le bassin de Saturne. Là les fleurs et les fruits jouaient le plus grand rôle dans la décoration. « D'abord, dit Félibien, l'on vit sur le théâtre une collation magnifique d'Oranges de Portugal et de toutes sortes de fruits chargés à fond et en pyramides dans trente-six corbeilles, qui furent servies à toute la cour par le maréchal de Bellefond et par plusieurs seigneurs, pendant que le sieur De Launay, intendant des menus-plaisirs et affaires de la chambre, donnait de tous côtés des imprimés qui contenaient le sujet de la comédie et du ballet. » Cette comédie et ce ballet, de Molière et de Lully, étaient *Georges Dandin* et son divertissement. On se rendit après le spectacle à la salle du festin qui occupait l'emplacement du bassin de Flore. — Cette salle, dont la brillante ornementation est décrite avec la plus minutieuse exactitude par Félibien, était aussi toute couverte et de fleurs et de fruits, ainsi que la salle de bal, où la cour se rendit après le souper.

Dans cette fête, qui se termina enfin par un immense feu d'artifice tiré de chaque côté du château, on chercha donc partout à flatter le goût du monarque en y prodiguant les fruits à profusion; il en fut de même pendant la fête de 1674, qui dura six jours, et où, dans l'une des décorations « on voyait dans de grands vases de porcelaine, cent soixante tant Pommiers, Abricotiers, Pêchers, qu'autres différents arbrisseaux, tous chargés de leurs fruits..., et plus de trois cents jattes ou cuvettes de porcelaine chargées à fond des plus beaux fruits de la saison, élevés en pyramides dans un arrangement de couleurs et de figures très agréables (1). » Non-seulement les fruits étaient devenus un des principaux ornements des grandes fêtes données par le roi, mais on les voyait encore figurer dans ses plus petites réunions. Qu'on parcoure les descriptions du temps, partout on signale, mêlés aux fleurs, ces arbres en caisse chargés de fruits, et surtout ces immenses pyramides de fruits, alors fort à la mode.

La mode! on sait ce que c'est. Comme toutes les passions, elle ne s'arrête jamais. Commençant quelquefois par le gracieux et l'élégant, l'exagération la fait souvent tomber dans le laid et le ridicule. Je ne voudrais pas me faire un ennemi d'un sexe que tant de bonnes qualités recommandent à nos respects et à notre amour, mais je ne puis en donner un meilleur exemple que dans l'ampleur exagérée de ce vêtement que, ni sa forme disgracieuse, ni sa gêne, ni les critiques et les sarcasmes dont il a été l'objet, n'ont pas encore pu faire abandonner à nos dames, ou du moins faire rentrer dans des limites plus élégantes. Les chefs d'office chargés dans les grandes maisons de la décoration de la table, ajoutèrent aux bouquets de fleurs qui la garnissaient habituellement, des fruits confits et des fruits crus, dont les couleurs et les formes, disposées avec art, pouvaient procurer à l'œil un spectacle agréable. Par suite d'amour-propre d'état, chaque chef d'office voulut l'emporter sur son confrère. C'était à qui ferait tenir ainsi avec plus de grâce et d'adresse, un grand nombre de fruits. Bientôt de véritables pyramides s'élevèrent à une

(1) Félibien.

telle hauteur qu'elles pouvaient à peine passer sous les portes. Des constructions si élevées n'avaient pas toujours une très grande solidité, et il devait parfois leur arriver des accidents. Madame de Sévigné en décrit un dont elle fut témoin aux Etats de Bretagne: « Une pyramide veut entrer, dit-elle, une de ces pyramides qui font qu'on est obligé de s'écrire d'un bout de la table à l'autre. Mais, bien loin que cela blesse ici, on est souvent fort aise au contraire de ne plus voir ce qu'elles cachent. Cette pyramide, donc, avec vingt ou trente porcelaines, fut si parfaitement renversée à la porte, que le bruit en fit taire les violons, les hautbois et les trompettes. »

La Quintinye, dans son Traité des jardins fruitiers et potagers, parle aussi de ces pyramides dont il loue l'effet sur une grande table. Mais comme on était dans l'usage de n'y pas toucher, qu'elles ne faisaient honneur qu'à celui qui avait eu la patience de la construire, il conseille d'abaisser ces plats si exhaussés et de les composer de fruits excellents, tous bons à manger. Il ajoute même, après avoir énuméré les meilleurs fruits à planter dans un potager : « Il serait bien temps que je commençasse de planter un peu de ces fruits qui sont au moins propres à contribuer à la parure des pyramides, afin que les curieux en plantent quelques arbres, s'ils le trouvent à propos. Quant à moi, tant que je suivrai mon inclination, je n'en planterai guère. »

Dès avant 1668, on voit La Quintinye, ce grand maître en culture potagère, présider aux fêtes de Versailles et surveiller les travaux du jardin potager du château. Ce jardin était encore celui créé par Louis XIII. La direction en était confiée à *Périer*, avec 1,500 livres d'appointements. En 1667, lorsque La Quintinye commença à en surveiller les cultures, il passa entre les mains de *Masson*, dont les appointements furent fixés à 1,600 livres, et toutes les dépenses payées à part. En 1671, on trouve, à la tête du potager, *Vautier ;* mais comme sur la demande de La Quintinye, et par suite de la nécessité de fournir la quantité considérable de fruits nécessaires à la consommation du roi, qui venait presque tous les jours à Versailles, il avait fallu augmenter de beaucoup le potager primitif, on éleva ses appointements à 3,000 livres en payant à part les dépenses d'entretien devenues plus considérables, et La Quintinye, chargé de la surveillance, reçut 4,000 livres par année.

Quand le roi eût résolu de venir habiter Versailles, le potager ne pouvait plus rester à la place qu'il avait occupée jusqu'alors. J'ai raconté ailleurs (1) comment, par suite de la construction de l'aile du midi du château, et des embellissements que l'on allait exécuter de ce côté du parc, on creusa cette immense pièce d'eau des Suisses, et comment les terres provenant de ces travaux servirent à combler un étang voisin qui fut le lieu choisi pour y établir le nouveau Potager. J'ai raconté, d'après La Quintinye lui-même, les peines qu'il éprouva pour former cet établissement; avec quelle perspicacité et quel talent il sut vaincre tous les obstacles ; et comment il créa enfin ce beau jardin, dont la réputation devint bientôt européenne, et qui, grâce à l'élan donné par son fondateur, et aux habiles directeurs qui s'y sont succédés, n'a cessé de servir de modèle de culture depuis cette époque jusqu'à nos jours.

La Quintinye habitait alors Paris. Louis XIV appréciant ses talents à leur juste valeur, ne voulut pas qu'il quittât sa belle création. Il lui fit bâtir une maison près du jardin, et, tout en lui conservant son titre de Directeur de tous les jardins fruitiers et potagers du roi, il le chargea spécialement de celui de Versailles, en lui donnant 24,000 livres pour l'entretien et 6,700 livres d'appointements et de gratification.

Les travaux de formation du nouveau potager commencèrent en 1679 et se prolongèrent jusqu'en 1683. J'ai relevé sur les registres des bâtiments du roi les sommes dépensées pour les transports de terre, les différents murs, le bassin et les bâtiments, le total s'en élève à 1,170,983 liv. 4 sols 3 deniers.

Il est certain que si La Quintinye eût été libre de choisir un lieu convenable pour y établir le Potager, ce n'est pas celui qu'on lui donnait qu'il eût pris; mais comme il le dit lui-même, *la nécessité de le faire dans une situation commode pour les promenades et la satisfaction du roi, a déterminé l'endroit où est ce potager.*

Une fois le Potager terminé, et La Quintinye installé, le roi vint en effet fréquemment le visiter.

Louis XIV aimait beaucoup le jardinage. Il se plaisait à planter et façonner les arbres. Duhamel rapporte, dans son Traité des arbres

(1) V. *Histoire des Rues de Versailles.*

fruitiers, qu'on voyait encore de son temps, au jardin du Val, près Saint-Germain, un Azérolier dont l'espèce avait été envoyée d'Espagne à Louis XIV, et qui fut planté par ce monarque. Aussi tous les efforts du savant horticulteur pour combattre les préjugés nombreux de cette époque, pour faire sortir la science de la routine, étaient appréciés par le roi. Il se plaisait à se promener avec lui, à lui adresser de nombreuses questions, et même à tailler les arbres et à greffer sous sa direction. La Quintinye, reconnaissant de ses bontés, cherchait à lui plaire par tous les moyens, et c'est ainsi qu'allant au devant de tous les goûts du monarque, il employa toute son industrie à faire avancer la culture des fruits et des légumes dont Louis XIV était le plus friand.

En général, le roi aimait tous les fruits, mais celui qu'il paraissait préférer à tous était la Figue. Il en mangeait à tous ses repas, crues, confites ou saisies à la glace, et Saint-Simon, qui ne veut sans doute pas qu'un vieillard de 77 ans, affligé de la gravelle, de la goutte, et d'une gangrène sénile, meure quand il s'appelle Louis XIV, attribue en grande partie sa mort à l'usage de ce fruit, bien innocent, sans aucun doute, de cette grosse responsabilité. Ce fut donc le fruit que La Quintinye s'appliqua le plus à cultiver.

On sait que le Figuier, originaire de l'Afrique et de l'Asie occidentale, fut cultivé en Grèce dès les temps anciens. Transplanté dans l'Italie avant de l'être dans les Gaules, il aurait été, d'après Pline, une des causes de la prise et du premier sac de Rome. Un helvétien nommé Elicon, qui avait habité quelque temps cette ville, voulant retourner dans sa patrie, s'avisa, dit-il, d'emporter avec lui du vin, du raisin sec et des figues. A son passage dans la Gaule, il vendit ces denrées aux habitants qui ne les connaissaient pas encore, et qui, transportés d'admiration pour un pays où croissaient de si excellentes choses, prirent les armes aussitôt, et firent cette expédition fameuse qui mit Rome à deux doigts de sa perte. Quoiqu'il en soit de la vérité de cette anecdote de Pline, le Figuier se naturalisa dans tout le midi de la Gaule et forme toujours dans nos provinces méridionales un arbre assez fort et d'un très bon rapport. Mais, comme l'Oranger, il eût beaucoup de peine à vivre dans le nord de la France. On voit cependant, dans la description que fait l'empereur Julien de son séjour dans la capitale des Parisiens, que dès ce temps « on y cultivait les Figuiers, qu'ils élevaient, dit-il, d'une manière très industrieuse, les couvrant l'hiver avec de la paille de froment. »

Cette culture du Figuier dans les environs de Paris, qui avait mérité les éloges de l'empereur Julien, était complètement négligée du temps de La Quintinye. « Je ne puis m'empêcher de témoigner l'étonnement où je suis, dit-il, dans son ouvrage, de ce que, vu l'estime singulière que presque tout le monde fait de bonnes Figues, cependant nous voyons que dans ce pays-ci on s'était accoutumé de n'en avoir qu'un très petit nombre pour chaque jardin, c'est-à-dire qu'on se contentait d'en avoir deux ou trois au plus, et même assez souvent les abandonnait-on dans quelque coin de basse-cour où ils étaient exposés à toutes sortes de mauvais traitements, sans que jamais on leur fit aucune sorte de culture. » — « Je sais bien, ajoute-t-il que la difficulté de conserver les Figuiers contre les grands froids de l'hiver est la principale raison pourquoi on en a si peu dans nos climats; mais enfin, vu l'importance et le mérite du fruit, on devait ce me semble s'être un peu plus étudié qu'on n'a fait pour jouir plus amplement de ce riche présent de la nature. »

Comme on le voit, La Quintinye avait en grande estime les fruits du Figuier, et, à la manière dont il en parle, aux détails dans lesquels il entre sur le goût, le parfum et toutes les qualités de la Figue, on pourrait même dire qu'il l'aimait en amateur ayant grand plaisir à la déguster, qu'il l'aimait enfin en gourmand.

Il se livra donc avec ardeur à la culture des Figuiers : « Je dirai comme quoi, dit-il, nonobstant le mauvais usage qui nous faisait contenter de peu, je me suis mis à en élever beaucoup, et cela non-seulement par les voies ordinaires des espaliers, mais aussi par d'autres voies extraordinaires, c'est-à-dire par le moyen des caisses ; si bien que je m'en suis fait une chose assez nouvelle, assez plaisante et assez utile, laquelle, s'il m'est permis d'introduire un terme nouveau, peut être appelée une *Figuerie*, à l'imitation des Orangeries. »

Outre la passion que paraît avoir eu La Quintinye pour la Figue, et le plaisir, connu de tous nos horticulteurs, d'introduire une culture nouvelle, ou de ressusciter une culture abandonnée, il y avait encore un motif puissant pour lui d'en avoir en abondance et toute l'année : c'était de contenter le goût de Louis XIV. « Le plaisir que notre grand monarque trouve à ce fruit-là, dit-il ensuite, et le péril de mourir que courent ici les Figuiers en place pendant les grandes gelées, ou au moins de n'avoir point de Figues dans le cours de l'année, ces deux raisons-là ont été deux puissants motifs, qui, pour moi, honoré comme je suis de la charge de directeur de tous les jardins fruitiers et potagers des maisons royales, m'ont fait aviser de cette manière d'avoir sûrement beaucoup de Figues tous les ans. »

On peut lire dans son livre sur les jardins fruitiers et potagers, les chapitres qu'il consacre à la culture du Figuier. On y verra les soins, les précautions qu'il recommande de prendre pour obtenir la plus grande quantité possible de *ce fruit merveilleux.* Il se réjouit surtout de l'invention des Figuiers en caisse, *imitée*, dit-il, *par beaucoup de curieux*, qui pouvaient se conserver en serre, et même donner ses fruits pendant l'hiver, et qui, sortis pendant l'été et réunis en masse, donnaient *le plaisir de se trouver au milieu d'un bois tout chargé de Figues, et d'y pouvoir choisir et cueillir des plus belles et des plus mûres sans aucune peine.*

Des serres spéciales furent élevées pour y placer ces caisses de Figuiers, et je trouve que l'on dépensa 40,450 livres pour leur construction.

Parmi les nombreuses espèces de Figues, La Quintinye n'en recommande que deux pour la culture des environs de Paris, la blanche ronde et la blanche longue. La ronde, beaucoup plus abondante que la longue, fut surtout sa Figue de prédilection. On continua de la cultiver avec succès au Potager, et, plus tard, sous Louis XVI, on la nommait *Figue de Versailles*, tandis qu'on nommait la longue *Figue d'Argenteuil*, localité renommée alors comme aujourd'hui pour la culture de ses Figuiers.

Je n'ai point l'intention de suivre pas à pas les diverses cultures du Potager. Je veux seulement indiquer ce qui, dans ces cultures, comme dans celles des autres jardins de Versailles, peut offrir quelqu'intérêt de curiosité.

La Quintinye, dans son ouvrage, donne une longue liste des diverses variétés de Poires existant à son époque. Il en cultivait un assez grand nombre au Potager, car c'était encore là un fruit recherché par le roi. Un ancien proverbe dit qu'il ne faut pas disputer des goûts. Sous ce rapport chacun a le sien, et c'est là que la mode a le moins de prise. La Poire que Louis XIV préférait était la *Robine.* La Quintinye, qui donne aussi son goût en fait de Poires, ne la place qu'à un rang assez éloigné dans son estime. Il la cultiva cependant avec un grand soin au Potager, et changea même son nom en celui de *Royale*, « pensant, dit-il, que comme parmi nous le titre de roi se trouve en la personne de celui de tous les hommes qui a le plus de mérite, le nom de Royale, parmi les Poires, devait être pour celle qui paraît avoir le moins de défaut ; » et il entre alors dans le détail de ses qualités, au nombre desquelles il place surtout « sa chair, qui est cassante sans être dûre, et son eau sucrée et parfumée qui charme tout le monde, et particulièrement le premier prince de la terre, et avec lui toute la maison royale. »

On voit que si La Quintinye était un cultivateur habile, il était aussi parfois un adroit courtisan.

Presque tous les arbres à fruits étaient, à cette époque, cultivés en plein vent, et très peu de jardiniers se servaient d'espaliers, au moins comme nous les connaissons aujourd'hui. Il est vrai que vers la fin du XVIe siècle Olivier de Serres, dans son *Théâtre d'Agriculture,* parle des espaliers. Mais ces espaliers n'étaient point ce que sont les nôtres, c'est-à-dire des arbres appliqués et palissés contre un mur. C'était une simple haie placée dans l'endroit du jardin le mieux exposé, et composée d'arbres fruitiers soutenus par des pieux ou *pals*, d'où les noms d'espaliers ou de palissades. Plus tard, on eût l'idée de planter aussi des arbres le long des murs. Mais ces arbres, serrés et entrelacés comme ceux des palissades, formaient de même un massif soutenu par des *pieux* ou *pals*.

On leur donna aussi le nom d'espaliers, que nous avons conservé aux nôtres, quoique la manière de les conduire en soit bien différente.

Deux grands observateurs de la nature comprirent presque ensemble que si, au lieu de planter les arbres en massifs, on les plaçait à une certaine distance les uns des autres, ayant leurs branches artistement disposées, on pourrait leur donner ainsi l'avantage de recevoir plus directement les rayons du soleil, tout en étant à l'abri du vent, et qu'on procurerait de plus un spectacle charmant pour l'amateur, dans la saison des fruits.

La Quintinye, au Potager, et Arnauld d'Andilly, à Port-Royal, furent ces deux hommes.

Arnauld s'était retiré du monde à l'âge de 55 ans. Réuni à cette petite société d'esprits distingués appelés solitaires de Port-Royal, il se livra particulièrement à la culture des arbres, et, en 1662, il publia sous le nom de *Legendre,* curé d'Hénonville, un *Traité sur la manière de cultiver les arbres fruitiers*. La reine Anne d'Autriche avait toujours eu pour lui beaucoup d'amitié, et tous les ans Arnauld lui envoyait de sa solitude des fruits que le cardinal Mazarin appelait en riant des *fruits bénis.*

Arnauld donc, par la publication de son livre, et La Quintinye, par sa pratique horticole offerte en exemple à tous les jardiniers curieux d'imiter ce que l'on faisait à la Cour, commencèrent à propager le goût des bonnes cultures en espaliers.

Les Pêches et les Prunes ne tinrent pas le dernier rang parmi les fruits que La Quintinye cultivait ainsi au Potager. Quant à la Pêche, tout le monde sait ce que produisit l'exemple de notre habile jardinier, et comment un ancien mousquetaire du roi, *Girardot*, profitant de ce qu'il avait vu à Versailles, en fit l'application dans un terrain de quelques arpents qu'il possédait à Bagnolet. Il le divisa en petits enclos séparés par des murs de refend, afin de pouvoir multiplier ses espaliers, et, s'appliquant surtout à la culture des Pêches, y mettant tous ses soins et toute son industrie, il parvint ainsi à obtenir des fruits meilleurs, plus beaux et surtout plus hâtifs que partout ailleurs. Tous les ans il venait à Versailles en présenter au roi, et ses procédés, imités bientôt dans les cantons voisins, et en particulier à Montreuil, en firent la fortune.

La Quintinye cultivait un assez grand nombre de Prunes en espalier, et parmi elles il mettait au premier rang la *Perdrigon*, et au second la Prune de Sainte-Catherine. « Celle-ci, dit-il, en espalier bien exposé et en bon fond, surprendra certainement et ceux qui ne la connaissent que peu, et ceux qui, croyant la connaître, la méprisent ; il ne se peut guère un meilleur fruit au monde, pourvu qu'on lui donne le temps de mûrir tellement qu'elle en devienne ridée autour de la queue ; c'est une prune blanche-jaunâtre, longuette, assez grosse, et qui quitte le noyau net.

« Je ne sais si je ne pourrais point dire que malgré le mauvais renom qu'elle aurait de tout temps de n'être absolument bonne qu'à faire des pruneaux, *je suis le premier* qui lui ai fait l'honneur de la mettre en espalier; véritablement, je m'en suis si bien trouvé que je ne la saurais assez prôner sur cela. Et comme j'ai toujours été un grand chercheur d'expériences, j'ai bien voulu essayer s'il y aurait d'autres Prunes qui pussent trouver à l'espalier quelque chose qui augmentât leur mérite, aussi bien qu'on y a trouvé pour les Perdrigon et les Sainte-Catherine ; mais bien loin d'avoir fait parmi elles aucune bonne rencontre, j'ai simplement trouvé que, pour ainsi dire, beaucoup s'y déshonorent. » Et après avoir ainsi avoué ses insuccès, La Quintinye ajoute : « Je me console de n'avoir trouvé que peu de Prunes qui se perfectionnent en espaliers, puisqu'au moins je me suis désabusé de l'espérance que j'en avais, et que je puis par conséquent épargner et du temps et de la peine à qui aurait la même curiosité que moi. »

On voit comment ce maître procédait, et combien de pareils travaux, exécutés dans les jardins de Versailles, à une époque où l'horticulture était si peu avancée, ont dû avoir d'influence sur son progrès.

Et puisque je suis en train d'indiquer les leçons que La Quintinye savait tirer de ses succès comme de ses insuccès, je veux citer un passage de son livre, dans lequel il combat une manie qu'avaient les horticulteurs de son temps, et qui, je le dis bien bas pour ne pas me faire un mauvais parti, attaque bien un peu aussi quelques-uns de ceux de nos jours. Après avoir donné une liste de diverses variétés de Pêches, il ajoute : « Je sais bien que nous avons aussi de nos curieux qui comptent un plus grand nombre de ces sortes de fruits à noyau que je n'en viens de compter. Je veux croire qu'ils en connaissent que je ne connais pas. Mais au moins ils me permettront, s'il leur plaît, de dire qu'avec une très grande et très longue exactitude, je n'en ai pu trouver davantage ; et j'ajouterai, qu'on s'est pour le moins donné autant de liberté pour multiplier les noms des Pêches, que pour multiplier les noms des autres fruits. La moindre différence, soit dans la fleur et dans le coloris, soit dans la grosseur et dans la figure, soit dans le temps de la maturité ou dans le goût et dans la délicatesse de l'eau, a donné de tout temps, et *donne encore aujourd'hui* (on voit qu'il semble avoir écrit pour toutes les époques), a beaucoup de gens, une démangeaison de dire qu'ils ont quelque Pêche particulière, et sur cela ne manquent pas de la baptiser d'un nouveau nom.

« Malheureuse démangeaison qu'on pourrait, pour ainsi dire, nommer fille de vanité ou d'ignorance, qui nous cause tant de confusion parmi nos fruits. Est-il possible qu'on ne sache pas qu'une différence de terrain ou d'exposition, de climats ou de saison, est capable de faire ces petites variétés, qui ne sont nullement essentielles. »

Voilà ce que La Quintinye disait hardiment aux faiseurs de classifications de son époque, et qu'il est bon de répéter dans tous les temps.

En jetant, ainsi que je le fais, un coup-d'œil rétrospectif sur les faits les plus curieux de l'horticulture versaillaise à cette époque déjà reculée, dûs surtout au génie de La Quintinye, on voit combien était peu avancé l'art du primeuriste, arrivé aujourd'hui à un si grand degré de développement. Ce n'est pas que cet illustre jardinier, poussé par l'amour de son art et par le désir de satisfaire les goûts du monarque, son protecteur, n'ait fait de grands efforts pour vaincre la nature. Mais la science et l'industrie n'avaient pas encore su créer tous les moyens ingénieux qu'elles ont mis depuis entre les mains de nos horticulteurs modernes.

Cependant La Quintinye avait déjà fait dans cette voie de nombreux essais. On a vu comment il était parvenu à donner, au roi, des Figues une grande partie de l'année ; comment par sa nouvelle disposition des espaliers il avait pu avancer la maturité de quelques fruits. Il fit encore plus pour les Asperges, que Louis XIV aimait beaucoup, puisqu'il pût lui en faire manger dès le mois de décembre.

Dans une note sur les Asperges et le Chou-Marin, insérée dans les *Mémoires de la Société*, en 1845, j'ai fait connaître les moyens employés par La Quintinye; je n'y reviendrai pas, je dirai simplement qu'il était fier, et à juste titre, de ce résultat auquel on n'était pas encore arrivé avant lui, et il a le soin de dire, dans son livre, aux travaux horticoles du mois de décembre : « Je n'oublie pas ici, pour les véritables curieux qui ont le moyen de le faire, le soin de réchauffer les asperges et de veiller à renouveler les réchauffements dès qu'ils ont passé leur grande chaleur; la chose n'est pas sans peine ni sans dépense; mais le plaisir de voir, au milieu des neiges et des frimats, une abondance d'Asperges bien grosses, bien vertes et tout-à-fait excellentes, est assez grand pour n'avoir point de regret au reste; et dans la vérité on peut dire qu'il n'appartient guère qu'au roi de goûter ce plaisir, et que peut-être ce n'est pas un des moindres que son Versailles lui ait produit, par le soin que j'ai l'honneur d'en prendre ; aussi est-il certain que c'est le seul endroit où l'on ait jamais vu forcer un terrain froid, tardif, et infertile naturellement, à faire pendant le fort de l'hiver ce que le meilleur fonds ne produit que dans les saisons tempérées, »

Ce que La Quintinye obtint ainsi pour les Asperges, il ne put y réussir pour les Pois, dont Louis XIV était au moins aussi friand. Ces petits Pois, que le roi mangeait avidement tant qu'en durait la saison, étaient la désolation de son médecin Fagon. Dans le *Journal de la santé du roi,* on trouve tous les ans les mêmes plaintes toujours renouvelées contre ce malheureux légume. Le roi a des étourdissements, et Fagon de s'écrier dans son désespoir : « Pendant le courant de ce mois (mai 1710), S. M. s'est plainte d'étourdissements et de pesanteur de tête ; ce qui arrive particulièrement les jours que le ventre ne s'est pas désempli, secours toujours nécessaire, mais encore plus dans cette saison où le roi *le remplit à tous ses repas d'une quantité prodigieuse de petits Pois*, dont ses potages, autant que les ragoûts, sont excessivement fournis, à quoi se joignent les Fraises au dessert, lesquelles fermentent et gonflent le ventre, de concert avec les vents que les petits Pois entretiennent constamment comme une tempête perpétuelle dans le bas-ventre. »

Ce goût du roi pour les petits Pois était partagé par toute la cour. « Le chapitre des Pois dure encore, écrit madame de Maintenon à la date du 10 mai 1696 ; l'impatience d'en manger, le plaisir d'en avoir mangé et la joie d'en manger encore, sont les trois points que nos princes traitent depuis quatre jours. Il y a des dames qui, après avoir soupé avec le roi, et bien soupé, trouvent des Pois chez elles pour manger avant de se coucher, au risque d'une indigestion. C'est une mode, une fureur, et l'une suit l'autre. » Il fallait en effet que ce fut alors une fureur, puisque dans la vie de Colbert, écrite en 1695, on trouve en termes exprès : « Que l'on voyait des personnes assez voluptueuses pour acheter les Pois verts cinquante écus le litron. » Eh bien ! malgré cette fureur, les jardiniers de cette époque, et La Quintinye en tête, n'avaient pu en obtenir que dans les derniers jours d'avril. Voici du reste ce qu'il dit lui-même de ses cultures forcées : « J'ai pu, à l'égard de quelques fruits et légumes, en faire mûrir quelques-un cinq et six semaines devant le temps, par exemple des Fraises à la fin de mars, des précoces et des Pois en avril, des Figues en Juin, des Asperges et des Laitues pommées en décembre et janvier. »

C'étaient déjà de grandes conquêtes ; c'était le commencement du grand travail horticole si développé de nos jours, et qui, comme on le voit, a pris en grande partie naissance dans Versailles.

III.

Si, dans ces causeries, je suivais un ordre méthodique, je devrais, pour terminer ce qui a rapport à l'influence qu'a dû exercer Versailles sur l'horticulture en général, à l'époque de Louis XIV, parler de l'établissement de son parc. Mais c'est là un sujet considérable que je réserve, et que je me propose de traiter plus tard avec détails.

Continuons donc notre revue, et voyons si, sous le règne de Louis XV, Versailles joua un rôle aussi important en horticulture que sous Louis XIV.

La botanique était l'une des sciences qui avaient fait partie de l'éducation de Louis XV, et il conserva toute sa vie le goût de la culture en général, et particulièrement du jardinage; nous le verrons plus tard s'entourer des hommes les plus distingués dans cette science; créer près de lui, à Trianon, un superbe jardin botanique, composé surtout d'arbres exotiques les plus rares, dans lequel il se plaisait à venir se promener des heures entières, causant familièrement plantes et cultures avec le savant jardinier chargé de sa direction.

On doit penser qu'avec de pareils goûts, Louis XV ne dût pas négliger le Potager, d'autant plus que, comme son bisaïeul, il aimait beaucoup les fruits.

A la mort de La Quintinye, Lenormand père et fils se succédèrent dans la direction du Potager. Jardiniers habiles et intelligents, ils maintinrent tous deux ce jardin à la hauteur où l'avait si habilement élevé leur célèbre prédécesseur. Les grands seigneurs, à l'imitation de Versailles, avaient dans toutes leurs terres établi des potagers; de bons jardiniers se formaient de toutes parts ; de meilleures méthodes de culture se répandaient, et la voie du progrès était enfin ouverte à l'horticulture. Sous la direction de Lenormand, les cultures du Potager s'améliorèrent encore, et surtout la taille des arbres déjà si avancée à Montreuil. Quelques cultures nouvelles y furent aussi introduites. Parmi elles on doit citer celle de l'*Ananas*.

On ne sait pas positivement d'où l'Ananas est originaire. Les uns le font venir de l'Amérique méridionale, d'où il aurait été transporté en Asie; d'autres, au contraire, lui donnent pour patrie cette dernière contrée. Quoi qu'il en soit, dès le XVIIe siècle ce fruit était cultivé avec succès dans nos colonies d'Amérique, où il conserva une suavité que nous avons bien de la peine à atteindre dans nos meilleures cultures forcées. Il vint assez longtemps en France des fruits d'Ananas confits envoyés par nos colons. Quelques amateurs avaient cherché, sans succès, à cultiver la plante même dans notre pays, lorsque Louis XV, ayant reçu deux œilletons, en 1733, les remit à Lenormand fils, pour qu'il en tentât la culture au Potager.

On en était encore à cette époque, au Potager, à ce qu'avait fait La Quintinye pour la culture des primeurs, et rien n'était préparé pour élever un fruit qui demandait une haute température afin d'arriver à maturité. Cependant Louis XV désirait voir mûrir à Versailles ce fruit que jusqu'à ce jour on n'avait pu élever en France. Lenormand s'ingénia alors pour satisfaire les désirs du roi. Il profita des abris déjà faits pour les Figuiers et les Orangers, construisit des bâches, et, à l'aide des moyens peu nombreux et surtout peu commodes qui étaient à sa disposition, il fit tant et si bien que ses deux œilletons, dont le roi suivait lui-même le développement, arrivèrent à produire deux fruits que Louis XV dégusta en amateur et qu'il trouva excellents. De ce moment, il fut établi que la culture et la fructification de l'Ananas étaient possibles dans nos climats, à certaines conditions, et l'on sait aujourd'hui quelles proportions elles ont acquises.

Comme on savait le goût du roi pour l'horticulture, on s'empressait d'envoyer de toutes parts, à Versailles, les plantes les plus rares qu'il désirait voir cultiver, soit dans le beau jardin de Trianon, dont nous allons parler, soit au Potager. C'est ainsi qu'une douzaine de Caféiers, qu'il reçut des îles, furent élevés, comme les Ananas, dans les serres du Potager. Ces Caféiers, placés dans des caisses, réussirent parfaitement. Ils s'élevèrent à plusieurs mètres de hauteur, et fournirent abondamment des fruits que Louis XV se plaisait à venir récolter lui-même. Le roi aimait beaucoup le café et, en véritable amateur, il surveillait sa confection. On raconte qu'il s'amusait souvent à présenter son café de Versailles comme venant des colonies, et que les plus gourmets connaisseurs y étaient pris.

On a vu que le fruit de prédilection de Louis XIV était la Figue: celui que Louis XV aimait par dessus tout était la Fraise. Le goût particulier du roi pour ce fruit en a beaucoup favorisé la culture et la multiplication. On lui en servait pendant presque toute l'année, et l'on rassembla par ses ordres, au Potager, toutes les bonnes espèces connues en Europe. La culture du Fraisier devint la préoccupation des horticulteurs versaillais. Claude Richard, le célèbre jardinier de Trianon, reçut du prieur des Augustins de Bargemont la Fraise *Majaufe de Provence* (*Fragaria bifera*), la Fraise verte d'Angleterre (*Fragaria viridis*); il fit venir de Hollande la Fraise des Alpes, la cultiva avec succès, en envoya plusieurs pieds à Linnée pour le jardin botanique d'Upsal, et reçut de lui, en échange, la Breslinge de Suède (*Fragaria pratensis*). Un jeune botaniste versaillais, doué d'un savoir profond et varié, qui devint plus tard un des professeurs les plus distingués de l'École centrale de Seine-et-Oise, et enfin censeur du Lycée de Versailles, Nicolas Duchesne, fit de nombreuses expériences sur cette plante. Vers 1761, il obtint du Fraisier des bois une nouvelle variété, qu'il nomma Fraisier de Versailles (*Fragaria monophylla*), et enfin publia, en 1766, un excellent traité sur l'histoire naturelle du Fraisier.

L'amour de Louis XV pour la botanique favorisa singulièrement l'élan que prirent sous son règne l'agriculture et l'horticulture. Il protégea et encouragea les travaux des Jussieu et des Richard. Il envoya des cadeaux de plantes rares, recueillies par lui-même, à Linnée, présent délicat et qui faisait tomber l'enthousiaste botaniste dans l'admiration pour *le plus grand roi du monde* (1). Il créa, ainsi que nous le verrons, le beau Jardin botanique de Trianon, dans lequel son savant jardinier avait réuni plus de 4,000 plantes, arbres et arbustes de tous les pays du monde. Il fit faire sous ses yeux, dans ce même jardin, des expériences nombreuses sur les maladies des végétaux et sur les moyens de les guérir ou de les prévenir. Il n'est donc pas étonnant que les voyageurs, sachant l'accueil favorable qui leur serait fait à leur retour, apportassent au roi, et par conséquent à Versailles, tous les végétaux rares et curieux qu'ils rencontraient sur leur route. C'est ainsi qu'en 1732, l'amiral de Lagalissonnière rapporta de Virginie des graines de Tulipiers (*Liriodendron tulipifera*), qui furent élevées par Cl. Richard, et nous ont donné les premiers plants de ce bel arbre ; qu'en 1761, l'abbé Pingré, chargé d'aller observer le passage de Vénus sur le soleil dans l'île Rodrigue, rapporta des Indes une nombreuse série de végétaux de ces contrées qui furent plantés à Trianon (2) ; que plus tard Antoine Richard, fils de Claude, augmenta encore les collections de ce jardin célèbre, par les diverses plantes qu'il rapporta des îles Baléares, de l'Afrique et de l'Asie mineure. C'est ainsi encore que Montucla, le savant auteur de l'*Histoire des mathématiques*, ayant accompagné le chevalier Turgot, chargé d'une mission dans notre colonie de Cayenne, en 1764, en rapporta bon nombre de plantes pour Versailles. Louis XV les reçut lui-même des mains de Montucla, et fit planter au Potager le *Cacao* et la *Vanille*, qui se trouvaient parmi elles. Dans le nombre des graines légumineuses rapportées par Montucla, il y avait un *Haricot sucré* nommé *Gros-perlé*, qui plut beaucoup au roi, et que l'on cultiva au Potager, auprès de la petite Lentille rouge, plat favori de la reine Marie-Leckzinska, et qu'à cause de cela on nomma *Lentilles à la reine*.

Sauf les diverses tentatives que je viens de signaler, la culture potagère et fruitière s'était continuée au Potager à peu près dans les mêmes conditions où les avaient établies La Quintinye. Cependant

(1) Paroles de Linnée. Voir Correspondance de Linnée, par A. Landrin.

(2) La liste de ces végétaux a été conservée et se trouve dans les archives de la Société d'agriculture de Seine-et-Oise.

l'élan donné à l'art horticole s'était propagé de tous côtés, et le désir d'obtenir rapidement et avant l'époque fixée par la nature les produits de la végétation, avait fait naître l'art du primeuriste. C'était surtout dans deux pays où le climat est peu favorable à la maturité précoce de ces produits, l'Angleterre et la Hollande, que se développa cet art.

Pendant la guerre d'Allemagne, en 1744, le maréchal de Belle-Isle et le comte son frère, allant de Cassel à Berlin, furent arrêtés et conduits prisonniers en Angleterre. Comme tous les grands seigneurs de cette époque, imitateurs des goûts du roi, ils avaient de forts beaux jardins dans leurs propriétés, et s'occupaient de culture. Ce qui frappa surtout le maréchal, ce fut de voir servir à Londres des Melons, deux mois avant le temps où l'on avait coutume d'en servir en France. Il occupa alors les loisirs que lui laissaient sa position à parcourir les jardins de l'Angleterre, et il fut émerveillé de la culture des primeurs. A son retour en France, à la fin de l'année suivante, il emmena avec lui un jardinier anglais, *Brown*, et l'etablit a Bissy, dans l'une de ses terres. Dans les premiers jours du mois de mai 1746, Brown lui présenta des Melons mûrs ; ce fut alors un étonnement général, on cria presque au miracle. Le roi voulut avoir le jardinier du maréchal. On le plaça à Choisy-le-Roy. Depuis ce temps jusqu'à la Révolution, les jardiniers de Choisy étaient dans l'usage d'offrir des Melons au roi dans le mois d'avril. Dans les premières années du règne de Louis XVI, il s'établit, sous ce rapport, une concurrence entre les jardiniers de Choisy, et un habitant de Versailles. J.-B. Bénard, un des officiers de la maison du roi, était grand amateur de primeurs. Il s'appliqua surtout à la culture du Melon dans son jardin de Montreuil (1), qu'il avait nommé *Minute*, et il y réussit si bien que pendant huit années il eût le plaisir d'offrir au roi le premier Melon mûr, « et le modeste *Minute* triompha huit fois du superbe *Choisy* (2). »

A la mort de Lenormand, le roi plaça Brown à la tête du Potager de Versailles. De ce moment la culture des primeurs fut établie en grand dans le Potager, puis continuée et même augmentée par le

(1) Montreuil, faubourg de Versailles.

(2) Eloge de Bénard, par l'abbé Caron.

jardinier *Gondouin*, qui lui succéda. A l'époque de la Révolution, ce beau jardin fut abandonné et n'échappa à sa vente comme bien national que par l'établissement, dans une partie du terrain, d'un banc d'épreuves pour l'essai des armes fabriquées par la manufacture que l'on venait d'établir à Versailles, et surtout par le dévouement de quelques amis de l'horticulture qui le transformèrent rapidement en une *Ecole nationale de botanique.*

On a pu apprécier, par le coup-d'œil rapide que je viens de jeter sur la culture fruitière et potagère de Versailles sous le règne de Louis XV, quelle influence elle avait pu avoir sur la marche de cette partie de l'horticulture française en général. Voyons maintenant si les autres parties de cet art ont reçu pareille influence de l'exemple des jardins de Versailles.

J'ai déjà dit que Louis XV aimait beaucoup la botanique et qu'il avait un goût particulier pour l'horticulture. Ce prince n'avait pas les habitudes de faste et de grandeur de son bisaïeul. C'était en quelque sorte un roi-bourgeois. Pour se dérober à la représentation nécessaire dans le château de Versailles, il allait fréquemment se réfugier à Trianon. Mais le Trianon de Louis XIV, c'était encore Versailles avec ses grands appartements et ses jardins réguliers. Ce que Louis XV désirait, c'était une maison bourgeoise, avec des jardins où il pût à son gré se livrer à ses goûts de jardinage. En 1751, *Marigny*, frère de madame de Pompadour, devint surintendant des bâtiments du roi. Admis fréquemment dans l'intimité du monarque, il fut à même de connaître ses goûts et résolut de les satisfaire. Il confia le soin de l'exécution à l'architecte *Gabriel.* Gabriel se mit à l'œuvre, présenta son plan à Louis XV, qui l'approuva, et l'on commença, vers 1753, les premiers travaux du Petit-Trianon.

Les différents genres de jardin qui entouraient le pavillon carré de Louis XV, décoré depuis du nom de Palais du Petit-Trianon, formaient une sorte d'école de jardinage. Du côte de la façade sud-ouest, celle qui regarde le Grand-Trianon, on conserva un jardin *à la française*, créé quelques années avant et existant encore aujourd'hui. C'est par ce jardin que l'on communique du Grand au Petit-Trianon. Au milieu, on avait élevé un petit pavillon formant salon. A quelque distance de ce pavillon se trouvait une laiterie renfermant tous les animaux de basse-cour, et à l'opposé de cette laiterie était une salle en treillage, dite des *Fraîcheurs*, entourée de parterres de fleurs et de verdure, enfermés entre deux galeries ou palissades de Tilleuls taillés en arcades, logeant des caisses d'Orangers, tandis que de chaque côté le haut des Tilleuls, terminés en boule, formaient une décoration dans le *genre italien*, dont on peut voir le dessin dans la théorie du jardinage de d'Argenville. Vers le côté contigu du Petit-Trianon, on planta un *jardin anglais*. On éleva une montagne factice, surmontée d'un kiosque octogone orné d'arabesques charmants, et un rocher avec des sentiers sinueux, des cavernes, etc., pour dissimuler les constructions de la laiterie et des employés. Le rocher servit de source à une rivière qui, après plusieurs détours, et après avoir entouré de ses eaux une rotonde gracieuse, délicieux petit temple de l'amour, revenait former, aux pieds du petit palais, un port d'embarquement pour les légers bateaux de promenade. Enfin toute la partie faisant face au côté nord-est du palais fut consacrée à la formation du Jardin botanique qu'allait y établir le célèbre *Bernard de Jussieu*. Au-delà du Jardin anglais, un fleuriste, placé devant l'habitation du jardinier, une orangerie et des prairies assez étendues, complétèrent les différents genres de culture renfermés dans cet enclos.

Louis XV possédait enfin un lieu où il pouvait à son gré se livrer à ses goûts horticoles. Mais à qui confier le soin d'un pareil jardin? Il fallait pour le soigner et y créer, comme le disait le roi, une véritable école de botanique, non-seulement un habile praticien, mais encore un savant botaniste. Louis XV eut le bonheur de rencontrer cet homme, et c'est à lui, à son talent, que le jardin de Trianon dut sa réputation européenne. Cet horticulteur distingué fut *Claude Richard*.

Jacques II, roi d'Angleterre, forcé de chercher un refuge en France par suite de la révolte de ses sujets, était venu habiter le château de Saint-Germain, que Louis XIV lui avait généreusement offert pour résidence. Parmi les serviteurs de Jacques II se trouvait *François Richard*, père de *Claude*, l'un des jardiniers du roi d'Angleterre. Un des seigneurs qui avaient suivi le roi dans son exil, grand amateur de fleurs, comme la plupart des riches anglais, acheta une propriété à Saint-Germain. Il s'adressa à François Richard pour avoir un jardinier capable de diriger son jardin. François lui donna Claude.

Claude Richard était doué d'une grande intelligence et d'un rare esprit d'observation. Mis à même, par les goûts de son riche protecteur, de donner un libre cours à ses facultés naturelles, il fit bientôt du jardin confié à ses soins une véritable merveille. A peine connaissait-on alors en France l'usage des serres chaudes ; Richard en établit, les perfectionna et y cultiva ces belles et curieuses plantes exotiques que la rigueur de nos climats ne nous permet pas de voir chez nous en pleine terre. Un événement singulier, et rare dans la vie des hommes, rendit bientôt Richard propriétaire de toutes ces richesses. Après quelques années de jouissance, le riche amateur, dont malheureusement M. l'abbé Caron, qui raconte ce fait et dont je cite les propres paroles, ne nous a pas conservé le nom, (1) « le riche amateur, par un de ces mouvements d'une conscience timorée qui honorent la piété, éprouvant quelques scrupules de consacrer annuellement des sommes considérables à la satisfaction de ses désirs, forme le projet de renoncer à ce luxe qu'il se reprochait. Ne croyant pas avoir assez fait pour l'acquit de sa conscience, s'il n'expie cette passion par quelques grands sacrifices, il se détermine à abandonner sa propriété, et en fait don à Claude Richard qui avait si heureusement secondé ses goûts. » Quel fut l'étonnement de Richard de se voir tout-à-coup propriétaire de ce beau jardin! Mais comment soutenir un pareil établissement? Richard n'avait aucune fortune, et cependant il ne pouvait laisser périr ces belles collections qui faisaient l'admiration des amateurs. Il redouble alors d'énergie et de courage, s'impose les plus dures privations, se réfugie, lui et sa famille, dans un coin de ses serres-chaudes, et, comme le dit si bien l'abbé Caron, *fait du foyer de leurs fourneaux le foyer de sa famille*. Le succès vint bientôt couronner ses efforts : tout prospère et se perfectionne sous son habile main, et la renommée proclame ses talents et ses heureux résultats.

A cette époque, un célèbre botaniste, qui fut plus tard une des gloires horticoles de Versailles, *Lemonnier*, venait d'être appelé à la place de médecin de l'Infirmerie royale de Saint-Germain. Émer-

(1) Notice sur Ant. Richard, par l'abbé Caron.

veillé des résultats obtenus par Richard, de son intelligence, il s'attache à lui, initie le praticien à tous les détails de la science botanique, lui apprend le latin dont il sût si bien profiter dans sa correspondance avec Linné, et du jardinier intelligent et habile il fait de plus un savant distingué.

La réputation de Richard allait toujours grandissant. Le duc d'Ayen, qui venait de succéder à son père le maréchal de Noailles, dans le gouvernement de Saint-Germain, était au nombre de ses admirateurs. Grand amateur d'horticulture, il parla souvent au roi, dont il connaissait les goûts, des talents de Claude Richard, et lui donna l'envie de le connaître. Louis XV va voir ses cultures, les admire, et lorsqu'enfin il fait son Trianon, c'est à Richard qu'il veut en confier la direction. Mais ce n'était pas chose facile que de faire quitter à Richard le jardin objet de ses soins depuis tant d'années et dont il affectionnait, pour ainsi dire, chaque plante comme son propre enfant. Ce fut une véritable affaire diplomatique. Des conférences eurent lieu entre le roi et le jardinier, et Richard ne céda qu'après avoir fait, avec Louis XV, un traité dont l'une des principales conditions était que le jardinier ne recevrait d'ordre que du roi.

Une fois Richard installé à Trianon, on s'occupa de réaliser les désirs de Louis XV, et d'y créer le Jardin botanique. C'est là, dans l'établissement de ce jardin botanique, que Bernard de Jussieu, aidé de l'habile jardinier, essaya pour la première fois, dans le classement, la réalisation des grandes idées sur les rapports naturels des plantes, qui ont rendu si célèbre le nom de cette famille.

Bernard de Jussieu vint habiter le Petit-Trianon pendant le temps de la formation du Jardin botanique. Il logeait dans la même maison que Richard, et de longues conversations eurent lieu entre eux. Le perspicace et intelligent jardinier saisit avec rapidité les idées du grand botaniste et fut complétement initié par lui à tous les mystères de la science. Bientôt la réputation du jardin de Trianon devînt universelle, et avec elle celle de Richard. Les plus savants botanistes de l'Europe vinrent visiter Trianon et établirent des correspondances avec lui. Un jeune naturaliste, M. Landrin, qui brûle du désir de suivre les traces de ses illustres maîtres, a fait connaître une curieuse correspondance possédée par la Société d'agriculture de Seine-et-Oise, entre l'illustre Linnée et Richard. Miller, Hemquist, etc., ne cessèrent d'entretenir des relations avec lui, et Bernard de Jussieu lui manifesta toujours le plus grand attachement. Trianon était alors le lieu où se résumait, en quelque sorte, toute la science botanique de cette époque. L'amour du roi pour toutes les plantes nouvelles, et le zèle de son jardinier pour le satisfaire, y faisaient arriver les produits horticoles de toutes les parties du monde. Trianon était alors un véritable jardin d'acclimatation, et une foule d'arbres et de plantes exotiques, qui ornent aujourd'hui nos jardins y prirent d'abord naissance.

Louis XV venait fréquemment à Trianon, se promenant et causant familièrement avec Richard. Il suivait avec intérêt le développement des plantes, écoutait avec curiosité les observations de son jardinier, et aimait surtout à jouir de la vue de ces plantes méridionales si différentes par leur aspect de celles de nos climats. Des serres chaudes, construites sur le modèle de celles que Richard avait fait établir dans son jardin de Saint-Germain, avaient été élevées. Devenues trop petites, il fallut les agrandir. On sait que l'ordre dans les finances brillait peu sous le règne de Louis XV, et l'on manquait d'argent pour achever ce travail. Le roi venait souvent savoir où en étaient les travaux. « Un jour, voyant languir les réparations, dit M. de la Gorse, qui raconte cette anecdote (1), il demanda à Richard la cause de ce retard. Sire, lui répondit celui-ci, M. de Marigny, évalue à 90,000 livres ce qui reste encore à faire. Or, comme on ne le paie pas, la suspension des travaux s'en suit tout naturellement. Si cette entreprise me concernait, je me ferais fort de l'achever moyennant 30,000 livres. — Comment, vous en viendriez à bout avec cette somme ! Mais on me vole donc ? — En doutez-vous, Sire ? — En ce cas, Richard, je vous charge expressément de la confection de cet ouvrage. — A merveille, Sire, mais l'argent, où est-il ? Je n'en ai point, moi. — Quoi, vous en manquez ! eh bien, venez me voir demain matin vers les dix heures, je vous en prêterai.

« Richard fut exact à aller chez le roi, qui lui remit les 30,000 livres en lui disant : Oh ! çà ! mon cher Richard, quand on paiera,

(1) Souvenirs d'un homme de cour.

vous me rendrez cette somme, n'est-ce pas? — C'est trop juste, Sire ; je vous le promets. — Les réparations se firent promptement au gré de Louis XV. A quelque temps de là, les fonds de la caisse des bâtiments firent face aux déboursés du premier jardinier, et celui-ci, conformément à sa parole, restitua aux roi la somme prêtée. »

Ce trait caractéristique, tout en montrant le désir qu'avait Louis XV de voir élever promptement un abri aux fleurs qu'il aimait, peint bien, rapproché de celui que j'ai cité à l'occasion de la petite maison du Parc-aux-Cerfs (1), avec quelle parcimonie, au milieu du désordre financier qui régna autour de lui, le roi réglait ses dépenses secrètes.

Outre le jardin botanique et les plantes de serres chaudes, Richard peupla Trianon d'arbres exotiques pouvant vivre à l'air libre dans nos climats, et qui font aujourd'hui l'ornement de tous nos jardins et même de nos forêts. Pins, — Sapins, — Cèdres, — Cyprès, — Peupliers de diverses espèces, — Charmes, — Tulipiers, — Catalpas, — Erables, — Vernis et Sophora du Japon, — Acacia-Robinia, — Chênes d'espèces différentes, etc., venus de toutes sortes de régions, s'y élevaient, s'y pressaient, comme étonnés de se trouver ainsi réunis. Mais Richard ne se contenta pas de les élever, de les soigner, il les répandit au dehors, et le jardin de Trianon devint la pépinière d'où se propagèrent, dans une partie de la France, tous ces végétaux ainsi accumulés pour les plaisirs du roi.

Aujourd'hui nous jouissons de toutes ces choses, nous les trouvons partout, et grâce au talent et à l'habileté de nos horticulteurs modernes, nous possédons de bien autres richesses. Mais alors en France on n'avait encore fait que très peu d'introduction d'arbres et de fleurs exotiques, et Trianon fut le point de départ d'un mouvement horticole qui a toujours été en progressant jusqu'à nos jours. Savants, amateurs et simples jardiniers y accouraient, et, tout en admirant ses belles cultures, recevaient de Richard les instructions que ce savant jardinier se plaisait à donner à tous ceux qu'attiraient sa réputation.

Bientôt, le goût de Louis XV pour le jardinage se répandit autour de lui. Versailles se couvrit de jardins, dont plusieurs tels que ceux

(1) *Histoire des Rues de Versailles.*

de Madame, de Madame Elisabeth, et du célèbre Lemonnier, rivalisèrent plus tard avec celui du roi, et princes et grands seigneurs voulurent avoir aussi leur Trianon.

Cet élan général était dû, pour une grande part, au talent de Richard, qui avait su si bien mettre en évidence les richesses de Trianon. Malheureusement, cet habile praticien, ce grand observateur, n'a rien écrit, et nous a ainsi privé des résultats de sa science et de ses intéressantes remarques sur la culture des plantes, dont on voit des traces dans ses lettres à Linné. Ainsi, en 1750, M. de la Galissonnière avait rapporté de la Louisiane, le *Galé (Myrica cerifera).* Il avait fait de cet arbre un récit intéressant. Ses fruits sont entourés d'une espèce de gomme blanchâtre, facile à séparer au moyen de l'eau bouillante. L'Amiral racontait qu'avec cette gomme les habitants du pays faisaient des bougies donnant une lumière assez brillante, répandant un agréable parfum, et chassant de l'appartement où elles brûlaient toute espèce de mauvaise odeur ; et il ajoutait que les médecins de ce pays faisaient toujours brûler de ces bougies dans la chambre des malades attaqués de fièvres contagieuses, pour en purifier l'air.

De si intéressantes qualités devaient engager les cultivateurs français à tenter l'introduction de cet arbre. C'est ce qui eût lieu en effet; mais aucun ne réussit, et le célèbre Duhamel, lui-même, qui désirait mettre cette culture en usage, échoua dans toutes ses tentatives. Par quelle raison cet arbre, venant dans un climat analogue au nôtre, ne pouvait-il se développer chez nous? Cela tenait à ce qu'on ne connaissait point encore la nature de la terre qui lui était propre. Richard fit de son côté des essais, et après s'être rendu compte du sol primitif de cet arbre, avoir essayé plusieurs espèces de terres, il trouva enfin que le *sable de bruyère* était le seul dans lequel on pouvait élever avantageusement non-seulement le *Myrica Cerifera*, mais encore la plupart des arbustes de l'Amérique du Nord, tels que *le Kalmia*, *le Clethra*, *le Magnolia*, *l'Andromeda*, etc., qu'on avait vainement tenté de naturaliser en France, même dans les terres les mieux composées et améliorées (1).

(1) Rapport d'Antoine Richard sur la culture du *Galé*, fait à la Société d'Agriculture de Seine-et-Oise, le 25 thermidor an XI.

De ce moment la culture de ce végétal se répandit. M. de Malesherbe en cultiva dans sa terre, et au bout de peu d'années récolta assez de cire pour en faire des bougies dont il se servait dans son cabinet; et Lemonnier, qui en avait un assez grand nombre dans son jardin de Montreuil, publia avec Leroux, ancien pharmacien de Versailles, le résultat de leurs expériences sur la manière d'extraire la cire de ses graines.

Cette découverte de l'emploi de la terre de bruyère pour certains végétaux, a enrichi nos jardins d'une foule de plantes dont, sans elle, nous serions privés, et fait encore plus regretter que Richard, appelé par Linné *le plus habile des jardiniers de l'Europe* (1), n'ait consigné dans aucun écrit le résultat de ses savantes et ingénieuses observations.

Pendant que Claude Richard était tout entier absorbé par les soins qu'il donnait au jardin de Trianon, son fils *Antoine*, qui devait plus tard lui succéder, devenait à son tour un habile botaniste. Ayant reçu une éducation littéraire, qui avait manqué à la jeunesse de son père, il suivit de bonne heure les cours du Jardin des Plantes de Paris, et reçut bientôt la mission d'aller herboriser au Mont-d'Or. En 1760, il est chargé par le Gouvernement d'explorer les provinces méridionales de France, la chaîne des Pyrénées, l'Espagne et le Portugal, d'où il passe dans les Iles Baléares, qui devinrent pour lui une mine féconde d'observations et de découvertes. Il en rapporta une quantité considérable de plantes jusqu'alors peu connues, « C'est là, dit M. l'abbé Caron (2), qu'il trouva cette jolie Giroflée maritime, qui orne l'humble fenêtre du pauvre et le jardin pompeux du riche; ce Buis de Mahon, à feuille de Laurier, et plusieurs variétés du Chêne qui n'avaient pas encore été décrites. C'est d'une de ces îles qu'Antoine Richard eût la constance d'apporter dans sa poche, bien enveloppé de mousse souvent mouillée, un rejeton d'une espèce de Chêne, connu sous le nom de Chêne de Gibraltar *(Quercus pseudo suber)*, dont l'écorce ressemble à celle du Chêne qui donne le liége. » On voit encore à Trianon l'arbre provenant de ce rejeton qu'il s'empressa de planter en arrivant.

(1) Lettre de Linné à Richard, du 24 septembre 1765.

(2) Note déjà citée.

C'est à l'occasion de ce voyage aux Iles Baléares que Linné applaudissait au succès du jeune Richard, ainsi qu'on le voit dans l'une des lettres adressées par l'illustre naturaliste à Richard fils.

Mais les explorations du savant botaniste ne devaient pas s'arrêter là. Il parcourut successivement, et non sans dangers, une grande partie du nord de l'Afrique, les îles du Levant, célèbres déjà dans l'histoire de la botanique par les voyages de Tournefort; la plus grande partie de l'Asie-Mineure ; puis à peine de retour en France, il reçut une mission pour aller en Angleterre, observer les belles cultures qui faisaient déjà la réputation de cette terre rivale de la France, et y acquérir un grand nombre de graines et de plants d'arbres et arbustes étrangers qui nous manquaient et qui font aujourd'hui l'ornement de nos jardins. Plus tard c'est la Hollande et ses magnifiques fleurs, l'Allemagne, la Suisse, qu'il met à contribution. Partout il recueille ce qu'il trouve de plus curieux et de plus rare. Trianon était toujours le lieu où venaient aboutir toutes ces richesses, et d'où elles allaient se répandre dans tous les jardins de la France.

Il est des hommes qui, véritables pionniers de la science, marchent à la découverte, recueillent et amassent des trésors dont tout le monde profite, et dont un sort malheureux semble devoir seuls les priver.

C'est ce qui est arrivé à Antoine Richard.

De retour de ses voyages, il fut associé et succéda à son vieux père dans la direction des Jardins de Trianon. Il était heureux de vivre au milieu de ce sanctuaire consacré par son père et par lui à la plus aimable des sciences (1), Mais, hélas! tout allait changer autour de lui.

Louis XV était mort; son petit-fils qui lui succédait n'avait aucun de ses goûts. La jeune reine, Marie-Antoinette, aimait beaucoup plus le plaisir que la science. Amenée fréquemment à Trianon par Louis XV, elle se plaisait surtout à jouir des charmes du jardin anglais. Elle demanda et obtint de Louis XVI d'en faire sa maison de plaisance. Alors le Jardin botanique, auquel la belle classification de Bernard de Jussieu avait donné une réputation euro-

(1) Notice citée de l'abbé Caron.

péenne, que les plus illustres savants avaient enrichi de leurs dons, disparut pour faire place à un nouveau Jardin anglais élevé à grands frais.

L'architecte *Mique*, que Marie Leckzinska avait amené de Lorraine, auquel elle avait confié la construction du couvent des Ursulines de l'avenue de Saint-Cloud, aujourd'hui le Lycée, et qui était alors le premier architecte du roi, fut chargé par la reine de dessiner ce jardin, et celui à qui l'on confia l'exécution de ce nouveau plan fut Antoine Richard.

Obligé de détruire ce que son père et lui-même avaient fait avec tant de peine, Antoine, qui avait tant vu, tant observé, et dont le goût s'était formé sur les plus beaux modèles présentés par la nature, sût employer avec beaucoup d'art les richesses que renfermait le Jardin Botanique ; et, tout en faisant ces plantations si agréables, ces groupements d'arbres si harmonieux, il sut conserver les magnifiques spécimens qui font encore actuellement l'ornement de ce beau jardin.

Le Jardin Anglais primitif prit alors un grand accroissement. Outre le Jardin Botanique que l'on transforma, Mique y ajouta les prairies dans lesquelles Louis XV faisait ses essais de culture, et dont il défricha lui même une portion avec une charrue, construite par son ordre, que l'on conserva dans le palais de Trianon, pendant tout le règne de Louis XVI. On pratiqua dans cette partie, des ravins, dont l'eau, formant des espèces de cascades, vint aboutir à un étang d'une assez grande étendue. Une vacherie suisse, une laiterie et un hameau, composé de sept ou huit maisons toutes variées de forme, de grandeur, de construction, d'ameublement, et entourées de petits jardins plantés comme à la campagne, entourèrent l'étang. C'est là que la malheureuse reine, ne rêvant alors que fêtes et plaisirs, venait entourée de ses dames, chacune en paysanne, et costumée suivant le rôle qu'elle devait remplir, y passer des journées entières, loin de l'étiquette et du tumulte de la Cour, et y donner des fêtes charmantes, dont l'aimable et gracieux *sans-façon* lui fut si amèrement reproché, et dont la calomnie s'empara pour ajouter plus tard, au supplice d'une mort imméritée, les reproches les plus cruels sur ses sentiments et d'épouse et de mère.

Le nouveau Trianon, bien plus que l'ancien, eût une influence considérable sur la forme des jardins. Tout le monde voulut l'imiter, et l'on vit s'établir partout de petites cabanes de paysans, des fabriques, cherchant à rappeler le hameau.

Mais il est des écueils que l'art doit éviter.
L'esprit imitateur trop souvent nous abuse (1).

C'est ce qui arriva pour la plupart de ceux qui, n'écoutant que la mode, voulurent avoir leur petit Trianon. Il y manquait toujours la richesse de ces plantes, de ces arbres accumulés en quelque sorte en ce beau lieu par la science des Richard; il y manquait surtout celle qui l'animait par sa présence, qui en était alors le plus bel ornement, et qui faisait dire à Delille :

Semblable à son auguste et jeune Déité,
Trianon joint la grâce avec la majesté.
Pour elle il s'embellit, et s'embellit par elle.

Hélas ! la malheureuse princesse pour qui l'on venait de créer ce delicieux jardin, ne put en jouir bien longtemps. La Révolution avançait à grand pas, et bientôt rois et reines étaient forcés d'abandonner Versailles. Un seul homme restait au milieu de toutes ces richesses végétales, les admirant, et tellement absorbé par les soins qu'il leur donnait constamment, qu'il s'apercevait à peine des grands changements qui s'opéraient autour de lui : c'était Antoine Richard. Mais quelles ne furent pas sa surprise et ses alarmes, lorsqu'il apprit que les hommes qui s'étaient emparés du pouvoir et qui gouvernaient, ou plutôt qui tenaient la France sous le joug de la terreur, venait de décider la destruction et la vente de Trianon. Le représentant Delacroix était alors Commissaire de la Convention à Versailles. Richard s'adressa directement à lui; lui démontra le peu de profit qu'on retirerait de cette vente, et la perte irréparable pour la nation de la destruction de tous ces types végétaux. Il fit un mémoire où toutes ces raisons étaient détaillées avec force, et il obtint le retrait de l'ordre de vente. Mais si Trianon n'est point abattu, on veut au moins en tirer parti. On le loue à un entrepre-

(1) Delille, *Poème des Jardins.*

neur de fêtes publiques, et tout le *demi-monde* de cette époque vient se donner rendez-vous dans les jardins de Marie-Antoinette.

Richard avait sauvé Trianon, mais il y perdit sa place. Obligé de quitter ce beau jardin, objet de toute son affection, il accourut au Potager, menacé aussi d'être vendu. Il s'y établit, y apporta les plantes qu'il put tirer de Trianon, et y créa, aidé des premiers membres de la Société d'Agriculture de Versailles, ce Jardin Botanique national de l'école centrale, qui le sauva aussi de la vente.

Non-seulement Trianon et le Potager venaient d'être menacés de la destruction, mais le Parc lui-même devait subir le même sort, et le représentant Delacroix, passant un jour sur la terrasse du château, avait prononcé ces terribles paroles : *Il faut que la charrue passe ici* (1). Antoine Richard fut encore l'un des citoyens qui mirent le plus de zèle à faire avorter ce projet. Il écrit, fait des mémoires qu'il adresse à Delacroix et à la Convention, et pendant que l'Assemblée délibère, il propose, tout en conservant le Parc tel qu'il est, de le transformer en jardin de rapport, en cultivant les parterres en légumes et les entourant d'arbres fruitiers ; puis, joignant l'exemple au projet, il s'empresse de planter des pommes de terre et quelques arbres fruitiers dans les deux parterres de Latone, les plus exposés aux regards. Ce plan sourit sans doute aux membres du Comité de la Convention chargés de prononcer sur la pétition des habitants de Versailles qui demandaient la conservation du Château et du Parc ; l'ordre de la destruction fut retiré et le Parc sauvé.

Tant de services rendus par Antoine Richard auraient dû lui assurer un sort au retour de l'ordre. Mais, cruel effet des révolutions! L'homme de mérite qui fit tant pour la science botanique, le praticien distingué auquel on doit un des plus b. aux jardins de France, le citoyen courageux qui mit tout son zèle à sauver de la destruction ces beaux jardins qui font la gloire de notre pays, ignoré d'un gouvernement qui avait tant à reconstruire, perdit, lorsque le Potager fut rendu à sa destination primitive, la modeste place de Directeur du Jardin Botanique, et mourut peu de temps après dans la plus profonde misère!

(1) Voir *Histoire des rues de Versailles.*

Aujourd'hui les jardins de Versailles, de Trianon et du Potager, confiés à des mains habiles et savantes, sont revenus à leur splendeur première ; ils font l'ornement et la gloire de notre cité. Nous en jouissons chaque jour; nous les montrons avec orgueil aux étrangers nombreux que leur réputation nous attire. Eh bien ! au milieu des noms célèbres des créateurs de ces jardins, accompagnons d'un souvenir particulier et reconnaissant celui du savant et malheureux jardinier qui, non-seulement a tout fait pour l'embellissement de l'un d'eux, mais qui, par son dévouement et son énergie, a eu une si grande part dans leur conservation, et rappelons-nous le nom d'Antoine Richard.

Versailles. — Impr. de E. AUBERT, 6, avenue de Sceaux.

www.ingramcontent.com/pod-product-compliance
Ingram Content Group UK Ltd.
Pitfield, Milton Keynes, MK11 3LW, UK
UKHW021025200726
13857UKWH00004B/1581

9 782013 037471